AF337675

TABLEAUX SYNOPTIQUES

POUR

L'ANALYSE DES FARINES

PAR

F. MARION

INGÉNIEUR DES ARTS ET MANUFACTURES

ET

Le Docteur MANGET

Avec 16 Figures

PARIS

LIBRAIRIE J.-B. BAILLIÈRE ET FILS

Rue Hautefeuille, 19, près le boulevard Saint-Germain.

1901

TABLEAUX SYNOPTIQUES

POUR

L'ANALYSE DES FARINES

TABLEAUX SYNOPTIQUES

POUR

L'ANALYSE DES FARINES

PAR

F. MARION

INGÉNIEUR DES ARTS ET MANUFACTURES

ET

Le Docteur MANGET

Avec 16 Figures

PARIS

LIBRAIRIE J.-B. BAILLIÈRE ET FILS

Rue Hautefeuille, 19, près le boulevard Saint-Germain.

1901

TABLEAUX SYNOPTIQUES

L'ANALYSE DES FARINES

PRÉFACE

Il est, de nos jours, un fait bien établi, que la chimie est l'auxiliaire indispensable de toute industrie. Or, jusqu'à ces dernières années, la minoterie, tout en possédant un matériel mécanique des plus perfectionnés, semblait croire inutile de recourir à la science. Grâce aux travaux de savants tels qu'Aimé Girard, Fleurent et Balland, la chimie des farines a pris son essor, les dosages se sont précisés, les méthodes d'analyse ont été très étudiées et les minotiers comme les boulangers ont reconnu la nécessité du laboratoire. Aux uns, il permet de connaître les qualités et les défauts des blés qu'ils ont à moudre et de procéder par voie de coupages convenables pour créer un type de farine conforme au programme tracé ; aux autres, de déterminer, d'une manière absolument précise, les caractères que doivent montrer à la panification les farines employées.

Jusqu'à présent aucun ouvrage de chimie n'avait été présenté au public, dans ce but spécial ; aussi, avons-nous pensé faire œuvre utile en publiant cette plaquette. Nous avons exposé les analyses essentielles avec les méthodes les plus simples donnant, néanmoins, des résultats aussi précis que possible. Pour en rendre l'application plus facile à tous, nous avons réuni, dans un chapitre spécial, les analyses sommaires permettant d'obtenir rapidement les caractéristiques indispensables pour la détermination d'une farine sans le secours de connaissances chimiques approfondies. Seules ces analyses étaient mises en pratique, avant que M. Fleurent n'ait posé les principes de l'appréciation de la valeur boulangère des farines, en chiffrant, par le rapport des éléments du gluten, les phénomènes observés à la cuisson. A ce point de vue, nous avons exposé la méthode d'analyse du gluten qui nous a donné les meilleurs résultats.

Enfin dans un dernier chapitre, relatif aux falsifications, nous avons fait figurer des vues microscopiques qui faciliteront le travail d'investigation du chimiste. Nous ferons néanmoins remarquer que, dans cette étude spéciale, le jugement doit être contrôlé par l'examen de farines de pureté absolue.

Le plan suivi est celui de la succession des analyses, permettant d'obtenir, en 24 heures, les résultats complets. En outre, à chaque dosage, nous avons fait figurer sous les rubriques *interprétations* et *remarques* les chiffres extrêmes entre lesquels oscillent les résultats pour une farine première du commerce sur blés tendres, c'est-à-dire de 45 à 60 pour cent d'extraction.

Nous pensons donc, en publiant ces diverses méthodes, connues seulement d'un petit nombre de chimistes, arriver à leur vulgarisation et par suite éviter les divergences des bulletins d'analyses qu'il nous a été permis de constater parfois dans les expertises.

Nantes, le 20 mai 1901.

I. — GÉNÉRALITÉS

I. — MATÉRIEL NÉCESSAIRE

VERRERIE ORDINAIRE

Verre de montre — diamètre = 5 centimètres.	*(Gluten humide).*
Billes de verre — diamètre = 8 millimètres.	*Gluten sec. Gliadine.*
Perles de verre.	*Acidité. Matières grasses 2ᵉ méthode.*
Quelques entonnoirs.	
Un flacon de 2 litres muni d'un robinet inférieur.	*(Gluten humide).*
Verre conique d'un litre.	
— de 200 cent. cubes.	
— de 60 cent. cubes.	
Eprouvette à gaz de 250 cent. cubes environ à parois épaisses.	*(Gluten sec. Gliadine).*
Ballon d'un litre.	
— de 250 cent. cubes à long col.	*Azote.*
Eprouvette de 100 c. cubes non graduée, sans bec.	*(Matières grasses 2ᵉ méthode).*
Flacon de 125 cent. cubes à large ouverture fermant avec bouchon en caoutchouc et en liège.	*Acidité. — Matières grasses 2ᵉ méthode.*
Carafe à eau distillée, d'un litre.	
Pissette de Salet de 250 cent. cubes.	

MATÉRIEL NÉCESSAIRE *(Suite)*

VERRERIE ORDINAIRE *(Suite)*
- Tube à épuisement de 2 c. de diamètre et 30 cent. de hauteur. } *Matières grasses.*
- Plaque de verre épaisse. *(Essai Pékar).*
- Tubes à essai.
- Baguettes de verre.
- Tube en verre. *(Appareil à acide carbonique).*

VERRERIE DE BOHÊME
- Vases à dessiccation fermant à l'émeri.
- Fiole conique de 125 cent. cubes. *(Azote).*
- Fiole conique de 40 cent. cubes. *(Acidité).*

VERRERIE JAUGÉE
- Carafe d'un litre à un trait.
- Pipette de 50 cent. cubes.
- — 25 —
- — 20 —
- Tube capillaire jaugé à 1/2 gramme de mercure. *(Azote).*

VERRERIE GRADUÉE
- Eprouvette de 1000 cent. cubes.
- — 500 —
- — 100 —
- — 50 —
- — 20 —
- Pipette de 1 cent. cube en $\frac{1}{10}$ *(Gluten sec. Gliadine).*
- Burette de Mohr de 20 cent. cubes.
- — 10 —
- Ballon spécial de 150-160 divisé en cent. cubes sur le col. *(Gluten sec. Gliadine).*

MATÉRIEL NÉCESSAIRE (*Suite*)

PORCELAINE
- Mortier, forme basse, émaillé, de 125 millimètres de diamètre. } *Gluten humide.*
- Spatule de porcelaine.
- Capsule émaillée, pour incinération, de 50 millimètres de diamètre. } *Matières minérales.*

MÉTAL
- Bec Bunsen, avec support.
- Toile métallique. (*Gluten sec. Gliadine*).
- Pince en fer.
- Etuve à huile de Gay-Lussac.
- Bain-marie à niveau constant.
- Support de burette de Mohr, plateau faïence.
- Feuille carrée de 5 centimètres de côté, en nickel ou aluminium. } *Gluten sec.*

BOIS
- Support d'entonnoirs.
- Pince.
- Planchette.
- Couteau. } *Essai Pékar.*

DIVERS
- Exsiccateur à chlorure de calcium.
- Terrine en grès
- Tamis de soie n° 110 } entrant dans } *Gluten humide.*
- — n° 220 } la terrine. (*Dénombr. des débris*).
- Série de tamis de soie n°s 120-130-140-150-160-170-180, se superposant sur un fond de peau. } *Cellulose.*
- Trébuchet d'analyse.
- Thermomètre à mercure de 0 à 150 degrés.
- Bouchons caoutchouc pour éprouvette à gaz.
- Tuyaux caoutchouc (Diverses grosseurs).

MATÉRIEL NÉCESSAIRE *(Suite)*

APPAREILS SPÉCIAUX

Fourneau à moufle, pour incinération, avec brûleurs à gaz. } *Matières minérales.*

Appareil de Kipp pour l'acide carbonique.

Appareil Schlœsing modification Aubin.   *(Azote)*.

MICROSCOPIE

Système optique pour grossissements de { 80 diamètres. / 150 — / 300 — / 500 — }

Appareil de polarisation   *(Falsifications)*.

Porte-objet.

Couvre-objet.

1 cellule de $\frac{1}{10}$ millimètre de profondeur, divisée en millimètres carrés.

Petit verre gradué de 1 à 5 cent. cubes. } *Dénombrement des piqûres*

Micromètre objectif ou oculaire.

PAPIERS

Joseph lavé et séché.   *(Acidité)*.

Filtres plissés.

II. — SOLUTIONS ET RÉACTIFS

ACIDES
- Chlorhydrique ordinaire.
- Sulfurique pur.
- Phosphorique.

ALCALI
- Lessive de soude.
- Potasse à l'alcool.

DISSOLVANTS
- Alcool à 90 degrés.
- Alcool à 71 degrés.
- Alcool méthylique.
- Ether de pétrole (ligroïne).
- Chloroforme.
- Eau distillée.

SOLUTIONS AQUEUSES
- Eau iodée.
- Teinture de tournesol récente.

SOLUTIONS ALCOOLIQUES
- Teinture de curcuma.
- Phénol-phtaléine.
- Phloroglucine.

LIQUEURS TITRÉES
- Liqueur aqueuse de potasse à 22 pour 1000.
- Liqueur alcooli-alcaline de potasse dans l'alcool à 71 degrés.
- Liqueur normale d'acide sulfurique.
- Liqueur normale de potasse.
- Liqueur demi-décinormale de potasse.

SOLUTIONS ET RÉACTIFS *(Suite)*

SELS
- Sel marin purifié.
- Sulfate de potasse.
- Hypophosphite de sodium.
- Marbre blanc.

DIVERS
- Mercure.
- Glycérine.
- Formol.
- Vaseline blanche
- Sirop-cristal (glucose).
- Pierre ponce calcinée en poudre.
- Papier rouge de tournesol.
- Coton hydrophile.

III. — PRÉLÈVEMENT DE L'ÉCHANTILLON

MÉLANGE DES FARINES

La mouture par cylindres est la plus généralement appliquée dans les usines.

La farine livrée au commerce provient, non du passage dans un seul appareil, mais du concours de plusieurs, aussi n'est-elle pas d'une homogénéité parfaite.

Il est donc nécessaire de mélanger la farine avant d'en faire l'étude.

UN SAC

Si l'analyse porte sur un seul sac de farine, celui-ci doit être sondé au fond, au milieu, à l'ouverture ; à la périphérie comme au centre.

PLUSIEURS SACS

Dans le cas d'une fourniture importante, l'opération est répétée sur plusieurs sacs au hasard.

CAS PARTICULIERS

Enfin, il est des cas particuliers (magasin humide, ensachage défectueux, etc.) qui obligent à n'opérer qu'en des endroits précis, soit des sacs, soit des magasins à farines.

II. — ÉTUDE DES PROPRIÉTÉS PHYSIQUES

I. — GOUT

SAVEUR NORMALE	La farine de première qualité possède un goût agréable et franc *sui generis*.

Toute saveur étrangère peut provenir de :

<table>
<tr><td rowspan="5">SAVEUR ANORMALE</td><td>1° Degré de blutage.</td><td>Farine bise : goût de bis.</td></tr>
<tr><td>2° Corps étrangers.</td><td>Farine de fèverole : goût de pois crus.</td></tr>
<tr><td>3° Mouture brûlée.</td><td>Mouture basse : rapprochement exagéré des deux meules : goût dit de pierre à fusil.</td></tr>
<tr><td>4° Milieu où elle était emmagasinée.</td><td>Bâches goudronnées, bateau fraîchement goudronné.
Il est à remarquer que la farine s'empare très facilement des odeurs ambiantes.</td></tr>
<tr><td>5° Altération ou ancienneté de la farine.</td><td>Goût acide.
Goût rance.
Goût amer.
Goût moisi.
Goût de vieux, etc.</td></tr>
</table>

II. — TOUCHER

FARINE PREMIÈRE

1. Le toucher doit être : doux et liant, dans les farines premières de blés tendres ;
Doux, mais sec, dans les farines bises.
2. Il peut, en outre, être sableux, comme dans les gruaux, ou fin, comme dans les farines tendres du commerce.
3. Une farine fraîchement fabriquée (un à quatre mois de mouture), doit faire pelote serrée dans la main.

FARINE VIEILLE

1. Une vieille farine ne peut faire pelote.
2. Elle fuit entre les doigts, comme du plâtre ; elle est dite « usée ».

FARINE ALTÉRÉE

1. Une farine altérée renferme dans sa masse des centres de fermentation, durs au toucher, qu'on appelle *mâtons* ou *pelotes* ; la farine est dite *pelotée*.
2. A la main, il est facile de reconnaître ces petits rognons ; ils s'écrasent facilement sous les doigts au début de l'altération et peuvent atteindre, dans la suite, un fort volume et la dureté de la pierre.

FARINE HUMIDE

La présence de pelotes dans une farine dénote généralement un excès d'humidité.

III. — ASPECT

On apprécie la nuance d'une farine en étendant une petite quantité de celle-ci sur une feuille de papier blanc qu'on replie de manière à égaliser la surface de la masse ; et plus exactement par les procédés suivants :

1. PROCÉDÉ PEKAR

L'appareil Pekar permet de constater le degré de blancheur et de pureté et de comparer les farines entre elles.

A l'aide d'une épaisse glace de verre, on écrase sur une planchette un petit tas de farine de 20 à 25 grammes ; puis on lui donne, avec un couteau de bois, la forme d'un rectangle deux fois plus long que large.

On peut juxtaposer plusieurs rectangles de farines différentes.

Pour comparer une farine avec un type connu, on place, de part et d'autre du rectangle de la farine à étudier, un rectangle de la farine-type. Avec la glace, on écrase le tout, on régularise les bords à l'aide du couteau, puis on plonge doucement et à moitié la planchette dans l'eau, de manière à humecter la partie inférieure de chaque farine.

On obtient ainsi les farines sous deux aspects : à l'état sec et à l'état mouillé.

Il ne reste plus qu'à couper très légèrement les bords mouillés avec un couteau de bois préalablement trempé dans l'eau, pour empêcher l'adhérence de la pâte ; elle séchera sans se fendre et pourra être conservée pour un examen ultérieur.

ASPECT *(Suite)*

**PROCÉDÉ
PEKAR**
(Suite)

La partie mouillée fait ressortir les impuretés renfermées dans la farine et la nuance permet un classement facile.

Plus une farine est pauvre en gluten, plus elle est blanche ; la présence du gluten apporte une teinte ambrée.

Plus une farine est bise, plus la nuance se rapproche du rouge-brun tendre.

Une farine provenant des premiers passages de mouture contient les poussières étrangères localisées dans le sillon du grain de blé ; ces poussières lui communiquent une nuance ardoisée caractéristique.

Une teinte marbrée dénote un mélange mal fait et permet de supposer la présence de vieilles farines ou de farines étrangères.

D'une manière générale, on peut dire que les indications fournies par l'essai Pekar sont précieuses au point de vue de la comparaison entre des farines connues et des farines à examiner.

Les indications fournies par l'essai Pekar sont insuffisantes pour prévoir la blancheur du pain ; ce n'est pas toujours la farine classée la plus blanche qui donne le plus beau pain.

ASPECT *(Suite)*

2. PROCÉDÉ DE M. LUCAS

M. Lucas, directeur du laboratoire d'expertise de la Bourse du commerce de Paris, trouve des résultats plus concordants en opérant l'essai Pekar, non sur la farine entière, mais sur 20 pour cent de farine retenue par un tamis de soie n° 180.

3. PROCÉDÉ DE LA DOUANE

Quand une farine est soumise à la douane, l'Administration se rend compte du degré de blutage, en la comparant avec des farines étalons, de blutage connu, renfermées dans des bocaux de verre scellés.

La farine à examiner est placée dans un bocal semblable et de son identification de teinte avec un des étalons, ressort son degré de blutage.

Ce procédé est rapide, mais insuffisant.

ASPECT *(Suite)*

4. PROCÉDÉ DE M. LENEUF

M. Leneuf, boulanger à Paris, fait une pâte avec 40 grammes de farine et 20 grammes d'eau.

Il la façonne dans les mains en forme de boule et la place dans une petite capsule métallique à fond plat.

Le pâton légèrement aplati avec le doigt est abandonné trois à quatre jours, selon la température ambiante ; pendant ce repos, il se développe et prend une nuance qui permet de le comparer avec une farine-type traitée dans les mêmes conditions.

Le développement du pâton est une précieuse indication de la valeur du gluten et du travail de panification.

Un œil exercé peut, avec ce procédé, juger :

De l'état de siccité.

Du degré d'affleurement.

De la quantité de gluten.

De la qualité du gluten.

ASPECT *(Suite)*

Le chimiste est appelé à se prononcer parfois sur le taux de blutage d'une farine.

L'analyse chimique est impuissante à fixer ce taux ;

pour le déterminer, A. Girard a eu recours au dénombrement des débris et les a classés en deux catégories :

1° Les débris actifs ou nuisibles à la panification ;

2° Les débris inactifs, sans effet sur le travail de la panification.

5. DÉNOMBREMENT DES DÉBRIS. — PROCÉDÉ A. GIRARD

Pratique de l'analyse

Employer un microscope et une cellule de 1/10 de millimètre de profondeur, divisée en millimètres carrés, et, comme liquide, une liqueur par parties égales de glycérine et de sirop cristal.

1° Faire un pâton de 10 grammes de farine avec de l'eau tiède et en extraire le gluten (Voir p. 41) ;

2° Recueillir les eaux de lavage pour les verser sur un tamis n° 220, sur lequel resteront les piqûres ;

3° Recueillir les piqûres et les placer dans un filtre de soie n° 220, les essorer dans le filtre entre deux feuilles de buvard ;

4° Déposer ces débris dans un verre gradué et ajouter un centimètre cube du liquide visqueux ;

5° Les agiter et les mettre en suspension, à l'aide d'une baguette de verre qui servira à prélever du liquide ;

ASPECT (*Suite*)

**5.
DÉNOMBREMENT
DES DÉBRIS. —
PROCÉDÉ
A. GIRARD
(*Suite*)**

Pratique de l'analyse (*Suite*)

6° Déposer le liquide dans la cellule quadrillée, la recouvrir d'une lame couvre-objet ;

7° Examiner cette préparation au microscope de grossissement 60 à 80 diamètres ;

8° Dénombrer les piqûres de dix petits carrés.

Calcul

La somme des débris de dix carrés représente les piqûres contenues dans un millimètre cube ; soit dix milligrammes de farine, dans les conditions de l'expérience.

Les résultats sont rapportés à un gramme de farine.

Interprétations

D'après cette méthode, A. Girard a trouvé :

3400 débris dans 1 gr. farine par cylindres tirée à 45 o/o
10700 » » » » » 60 o/o
32300 » » » » » 70 °/o
44100 » » » » » 80 °/o
18700 » » » meules » 65-70°/o

On voit, par les écarts de ces chiffres, qu'il est facile de déterminer le taux de blutage d'une farine.

III. — ANALYSE SOMMAIRE

BUT DE L'ANALYSE
{
1° La recherche de l'eau ;
2° Le dosage du gluten humide ;
3° Le dosage du gluten sec ;
4° Le calcul de l'eau d'hydratation du gluten humide.
}

I. — DOSAGE DE L'EAU

PRATIQUE DE L'ANALYSE
{
1° Peser deux grammes de farine, prélevée au centre de l'échantillon, à la température du laboratoire ;

2° Les mettre dans un vase à dessiccation préalablement taré et le porter à l'étuve ainsi que son couvercle ;

3° Allumer l'étuve et maintenir ultérieurement une température comprise entre 100 et 105 degrés. Au début, ne pas trop pousser la flamme ;

4° Après un séjour de 7 heures dans l'étuve, couvrir le flacon dans l'étuve même et le placer dans un exsiccateur ;

5° Porter à la balance après refroidissement. Le poids P trouvé, diminué de la tare T du vase à dessiccation, donnera le poids de farine anhydre contenue dans 2 grammes de farine ; la perte de poids subie représentera l'eau évaporée.
}

DOSAGE DE L'EAU *(Suite)*

CALCUL

La quantité d'eau pour cent de farine sera donnée par la perte de poids subie, soit :

$$(T+2-P) \times \frac{100}{2}$$

INTERPRÉ-TATIONS

Une farine ayant 16 pour cent d'eau ne présente pas les garanties suffisantes de conservation.

Suivant les saisons, l'humidité oscille entre 13 et 15,50 pour cent, dans les farines premières.

REMARQUES

On peut tarer le vase à dessiccation et son couvercle, une fois pour toutes, en le portant à l'étuve à 100-105 degrés, pendant 2 à 3 heures, avec les précautions indiquées plus haut pour son refroidissement.

Cette tare, inscrite sur un tableau voisin de la balance, est une indication pour les opérations ultérieures.

II. — DOSAGE DU GLUTEN HUMIDE

PROCÉDÉ RAPIDE

Ce procédé permet de déterminer, en quelques minutes, la quantité de gluten humide.

1º Faire un pàton avec un mélange intime de 20 grammes de farine et 20 grammes de fécule de pomme de terre exempte d'acidité, et environ 20 cent. cubes d'eau ;

2º Bien malaxer le pàton ;

3º Opérer le lavage rapidement et avec un courant d'eau plus abondant qu'en (7º-p. 41).

En moyenne, 6 minutes suffisent pour terminer le lavage et l'essorage.

CALCUL

Le poids trouvé, multiplié par 5, donnera le gluten humide renfermé dans 100 grammes de farine.

III. — DOSAGE DU GLUTEN SEC

PRATIQUE DE L'ANALYSE

1º Le gluten humide de l'opération précédente est porté dans l'étuve, à la température de 100 à 105 degrés, sur une surface légèrement vaselinée, telle qu'un verre de montre, ou une petite feuille de nickel ou d'aluminium de 5 centimètres de côté ;

2º Le gluten est laissé à l'étuve environ deux heures et demie, il se gonfle, tandis que sa surface durcit légèrement ;

3º Le sortir de l'étuve et le couper, au canif, en tranches aussi minces que possible ;

4º Ces tranches sont placées dans un vase à dessiccation taré, porté ensuite à l'étuve comme il est dit p. 22 et 23 ;

5º Un séjour de 10 à 12 heures à la température de 100-105 degrés est nécessaire pour faire perdre au gluten toute son eau d'hydratation ;

6º On retire le flacon en suivant les indications de (4º-p. 22) et on le porte à la balance, après refroidissement sous exsiccateur.

CALCUL

Le poids de gluten sec obtenu, multiplié par 5, donnera le poids du gluten sec de 100 grammes de farine.

DOSAGE DU GLUTEN SEC *(Suite)*

**INTERPRÉ-
TATIONS**

Pour les raisons données page 43, le gluten sec est variable.

REMARQUES

Le gluten sec représente très approximativement en poids, le tiers du gluten humide.

Les variations dépendent de l'essorage, de la composition du gluten, ainsi que de la qualité de la farine.

La variabilité de la teneur en eau du gluten humide démontre que le taux des matières azotées insolubles est plus exactement défini par le poids de gluten sec, qui comporte des erreurs moins nombreuses.

IV. — CALCUL DE L'EAU D'HYDRATATION
DU GLUTEN HUMIDE

BUT — Cette donnée permet au boulanger de se rendre compte de la quantité d'eau nécessaire au travail de la panification.

VARIATIONS — La différence entre le gluten humide et le gluten sec représente l'eau d'hydratation. On rapporte cette quantité à 100 grammes de gluten humide.

L'eau d'hydratation du gluten varie de 55 à 72 pour cent.

Le gluten des farines premières de boulangerie peut retenir de 67 à 72 pour cent d'eau ; celui des farines secondes de 60 à 66 pour cent.

Plus une farine est bise, moins son gluten retient d'eau.

De deux farines premières, la plus riche en gliadine aura la plus forte proportion d'eau d'hydratation.

En outre, l'eau d'hydratation du gluten humide varie fréquemment avec les manipulateurs et les procédés d'essorage.

Ces chiffres sont exacts pour un pâton reposé une heure ; légèrement élevés s'il ne subit pas de repos (*cas de l'analyse sommaire*).

IV. — ANALYSE COMPLÈTE

Comprenant :

1º Recherche de l'eau.
2º Recherche des matières grasses.
3º Recherche des matières minérales.
4º Acidité.
5º Azote.
6º Cellulose.
7º Analyse quantitative du gluten. { *Gluten humide.* / *Gluten sec.* }
8º Analyse qualitative du gluten. { *Eau d'hydratation* / *Gliadine.* / *Gluténine.* }
9º Valeur boulangère déterminée par : { 1º Rapport $\dfrac{25}{N}$ des éléments du gluten. / 2º Forme du gluten au four. }

BUT DE L'ANALYSE

I. — DOSAGE DE L'EAU

Voy. p. 22.

II. — DOSAGE DES MATIÈRES GRASSES
PREMIÈRE MÉTHODE

PRATIQUE DE L'ANALYSE

1º Fermer la partie effilée d'un tube à épuisement, par un tampon de coton légèrement comprimé ; placer sous le tube un vase à dessiccation taré suivant (p. 23-remarques).

2º Peser 10 grammes de farine et les verser dans le tube.

3º Jeter sur la farine environ 30 à 40 cent. cubes de ligroïne (à défaut de ligroïne employer de l'éther à 65º B). Mettre sur la partie ouverte du tube un petit tampon de coton qui empêchera l'évaporation du liquide.

4º La ligroïne, en traversant la farine, se charge de la matière grasse et vient tomber dans le vase à dessiccation. L'épuisement se fait ainsi d'une façon rationnelle.

5º Quand l'épuisement par la ligroïne est terminé, porter le vase à dessiccation et son couvercle dans l'étuve à 100-105 degrés.

6º Retirer le vase à dessiccation après 4 heures de séjour à l'étuve, en suivant les prescriptions de (p. 22-4º). Le porter à la balance après refroidissement.

CALCUL

Le poids de la matière grasse, multiplié par 10, se rapporte à 100 grammes de farine.

INTERPRÉTATIONS

La qualité de la farine est en raison inverse de la teneur en matières grasses.

Plus une farine est vieille, moins elle en contient.

En moyenne, les farines premières de boulangerie en possèdent 0,75 à 1 pour cent.

DOSAGE DES MATIÈRES GRASSES *(Suite)*

REMARQUES

1° La ligroïne ou l'éther sont des corps dangereux ; ils forment avec l'air des mélanges détonant, au contact d'une flamme.

2° Opérer l'épuisement à la ligroïne sous une hotte munie d'un bon tirage, pour éloigner les vapeurs. La même observation s'applique à l'étuve de Gay-Lussac.

3° Après l'écoulement de la ligroïne, on remarque à la pointe du tube effilé, un dépôt de matières grasses, dû à l'évaporation de l'éther ; le recueillir à l'aide d'un canif qu'on lavera, ainsi que la pointe, au-dessus du vase à dessiccation avec quelques gouttes de ligroïne.

4° Porter le vase dans l'étuve froide et allumer cette dernière.

5° Pendant l'évaporation, éviter d'ouvrir l'étuve brusquement ; car un appel d'air ferait craindre l'explosion signalée précédemment.

III. — DOSAGE DES MATIÈRES GRASSES
DEUXIÈME MÉTHODE

PRATIQUE DE L'ANALYSE

1o Mettre dans un flacon à large ouverture 10 grammes de farine et 4 à 5 billes de verre.

2o Verser 50 cent. cubes de ligroïne et fermer le flacon avec un bon bouchon de liège entrant à frottement dur.

3o Agiter, de temps en temps, pendant 2 à 3 heures.

4o Jeter le liquide éthéré sur un filtre.

5o Recouvrir l'entonnoir d'une glace, pour éviter l'évaporation ; dans le même but, le placer sur une éprouvette sans bec, dont l'orifice coïncidera avec ses parois.

6o Prélever rapidement 25 cent. cubes du liquide clair, les verser dans un vase à dessiccation taré, à la température du laboratoire.

7o Porter le tout dans l'étuve de Gay-Lussac, en se conformant aux prescriptions de (p. 30).

CALCUL

Le poids des matières grasses, multiplié par 20 donnera le pourcentage.

INTERPRÉTATIONS

Voir (p. 29).

REMARQUE

Cette méthode permet de recueillir une partie de l'éther pour le régénérer par distillation.

IV. — DOSAGE DES MATIÈRES MINÉRALES

PRATIQUE DE L'ANALYSE

1° Tarer une petite capsule en porcelaine pour incinération, après passage à l'étuve de Gay-Lussac et refroidissement à l'exsiccateur.

2° Peser 10 grammes de farine dans la capsule.

3° Porter au moufle et modérer sa chaleur, afin d'éviter la volatilisation des chlorures à une haute température.

4° Quand toute la masse est réduite en charbon, élever un peu la température, afin d'obtenir des cendres blanches exemptes de points noirs charbonneux.

5° Éteindre le moufle, laisser un peu refroidir et porter la capsule dans l'exsiccateur à l'aide de pinces.

6° Après refroidissement, peser.

CALCUL

Le poids trouvé, multiplié par 10, donnera la quantité de matières minérales renfermées dans 100 grammes de farine.

INTERPRÉTATIONS

La teneur en cendres est plus élevée, dans les farines bises que dans les farines blanches.

Le pourcentage des cendres dans les farines premières de boulangerie oscille entre 0,40 et 0,60.

DOSAGE DES MATIÈRES MINÉRALES (*Suite*)

REMARQUES

Ne pas élever la température du moufle jusqu'au rouge vif ; l'incinération doit se terminer au rouge sombre.

Il est nécessaire d'allumer avec précaution le moufle à gaz, afin d'éviter soit une explosion, soit une flamme brûlant à l'intérieur des becs.

Pour enlever le résidu de l'incinération dans la capsule, verser quelques gouttes d'acide chlorhydrique.

Ne pas se servir de creuset en platine pour effectuer l'incinération, en raison de la silice renfermée dans les matières minérales.

V. — DOSAGE DE L'ACIDITÉ

1º Peser 10 grammes de farine, les mettre dans un flacon de 125 à large ouverture avec 4 billes de verre.

2º Ajouter 50 cent. cubes d'alcool à 90, fermer soigneusement le flacon avec un bouchon de caoutchouc.

3º Agiter fréquemment pendant 4 ou 5 heures, filtrer (1re liqueur).

4º Pour les corrections ultérieures, verser sur un second filtre 15 à 20 cent. cubes d'alcool à 90 degrés (2e liqueur).

5º Remplir la burette de Mohr de liqueur potassique demi-décinormale et prélever, dans des fioles coniques en Bohême, 10 cent. cubes de chacune des 2 liqueurs alcooliques filtrées, auxquelles on ajoute IV gouttes de teinture de curcuma, comme indicateur.

6º Faire tomber goutte à goutte la liqueur potassique de la burette dans l'alcool à 90 degrés (1re liqueur), cesser au changement de nuance (de jaune passant au brun), noter le volume de la liqueur employée.

7º Répéter l'opération sur l'alcool de macération et noter de nouveau le volume de la liqueur titrée.

L'opération 6 donnera l'acidité propre à l'alcool, et l'opération 7, l'acidité de l'alcool augmentée de celle de la farine.

DOSAGE DE L'ACIDITÉ (*Suite*)

CALCUL

Soit :

N cent. cubes la quantité de liqueur nécessaire pour neutraliser l'alcool de macération ;

n cent. cubes la quantité de liqueur neutralisant l'acidité de l'alcool témoin ;

(N—n) cent. cubes représentera la liqueur qui exprime l'acidité de la farine.

La liqueur potassique est telle qu'un centimètre cube correspond à 0,00245 gramme d'acide sulfurique monohydraté.

Les 10 cent. cubes de liquide clair représentant le 5e de la liqueur employée, soit 2 grammes de farine, on multipliera par 50 le résultat obtenu, pour le rapporter à 100 de farine.

L'acidité de la farine sera formulée par :

$$50 \times (N - n) \times 0,00245$$

Soit : $0,1225 \times (N - n)$.

INTERPRÉTATIONS

L'acidité varie suivant le taux de blutage, l'âge de la farine et la quantité de gliadine qu'elle détient.

Les farines premières du commerce renferment de 0,015 à 0,040 0/0 d'acidité.

L'acidité est d'autant plus élevée que la farine est bise ; elle augmente avec le temps.

Une forte acidité dans une farine première est un indice d'altération.

DOSAGE DE L'ACIDITÉ *(Suite)*

REMARQUES

Les chiffres fournis par ce dosage sont faibles; aussi faut-il s'entourer de toutes les précautions susceptibles d'atténuer les causes d'erreur.

Il est bon de passer à l'eau distillée tous les récipients, la burette sera préalablement lavée avec de la liqueur titrée.

Opérer le dosage de préférence en plein jour ; s'il doit être fait à la lumière du gaz, la phénolphtaléine, comme indicateur, est préférable au curcuma.

Employer du papier Joseph, lavé et séché, pour essuyer les récipients.

VI. — DOSAGE DE L'AZOTE

PROCÉDÉ KJELDAHL MODIFICATION MAQUENNE

1° Peser 1/2 gramme de farine.

2° Le verser dans un ballon à long col de 250 cent. cubes, avec 3 grammes de sulfate de potasse et 0,5 gramme de mercure, mesuré avec un tube capillaire, puis ajouter 20 cent. cubes d'acide sulfurique pur ;

3° Le ballon, légèrement incliné sur une toile métallique, doit être porté avec précaution à l'ébullition, sous une hotte à bon tirage ;

4° En cas de mousses abondantes, retirer le ballon et diminuer la flamme ;

5° Les mousses tombées, continuer l'attaque à l'ébullition ; elle sera terminée une demi-heure après la décoloration *complète* du liquide ;

6° Laisser refroidir, puis étendre la liqueur sulfurique avec environ 100 cent. cubes d'eau distillée, ajoutée rapidement et en agitant ;

7° Verser la liqueur encore chaude, dans le ballon de l'appareil Schlœsing, avec environ 1 gramme d'hypophosphite de sodium, afin de précipiter le mercure ; y joindre les eaux de lavage.

8° Si la précipitation n'a pas lieu, la provoquer, en chauffant légèrement le ballon vers 60 à 70 degrés ;

9° Après refroidissement, verser 80 cent. cubes de lessive de soude, ajouter 4 à 5 grammes de ponce pilée calcinée et compléter avec de l'eau distillée jusqu'aux 3/4 du ballon ;

DOSAGE DE L'AZOTE *(Suite)*

PRATIQUE DE L'ANALYSE *(Suite)*

10° Monter l'appareil Schlœsing, faire plonger le tube effilé dans 20 cent. cubes de liqueur normale d'acide sulfurique colorée en rouge par le tournesol et contenue dans une fiole conique en verre de Bohême de 125 cent. cubes ;

11ᵘ Distiller, et arrêter l'opération quand une goutte sortant du tube d'étain ne colore pas en bleu le papier de tournesol (environ 1/2 heure d'ébullition) ;

12° Laver le tube effilé de l'appareil à l'eau distillée, au-dessus de la fiole conique ;

13° Titrer la liqueur sulfurique, au moyen de la liqueur normale de potasse.

Moins de 20 cent. cubes de liqueur potassique seront nécessaires, l'ammoniaque obtenue par distillation ayant neutralisé une partie de l'acide.

CALCUL

Les deux liqueurs normales sont équivalentes ; chaque centimètre cube d'acide normal saturé par l'ammoniaque condensée correspond à 0,014 gramme d'azote.

Si N cent. cubes de potasse ont servi à neutraliser l'acide restant de la liqueur

$$(20 - N) \times 0,014$$

représentera l'azote de un demi-gramme de farine.

Il est admis qu'un gramme d'azote correspond à 6,25 grammes de matières azotées ; le poids des matières azotées de 100 grammes de farine sera exprimé par

$$(20 - N) \times 0,014 \times 6,25 \times 200 \text{ soit } (20 - N) \times 17,50$$

DOSAGE DE L'AZOTE *(Suite)*

INTERPRÉ-TATIONS

Le chiffre de 6,25 adopté en France est conventionnel ; M. Fleurent propose celui de 6,27 ; il est de 5,68 en Amérique.

L'écart entre les matières azotées totales (dosage sur la farine) et les matières azotées insolubles (gluten sec), représente le taux des matières azotées solubles.

REMARQUES

Après l'attaque, étendre l'acide sulfurique d'eau distillée, avec précaution, car il se produit une très brusque élévation de température.

Opérer rapidement, en agitant le ballon, pour répartir la chaleur.

Pendant la distillation, maintenir une température régulière, afin d'éviter des rentrées de liquide sulfurique dues à la diminution de pression.

En fin d'opération, retirer le tube effilé de l'appareil ; éteindre ensuite.

La ponce pulvérisée doit être fine, pour gagner le fond du ballon et favoriser l'ébullition.

Plus il y aura de liquide dans le ballon d'un litre, plus la distillation sera facile à conduire.

Dans le cas d'une forte ascension d'acide sulfurique, retirer rapidement le tube de l'appareil et le replacer ensuite pour faire descendre la liqueur acide. Forcer la flamme.

VII. — DOSAGE DE LA CELLULOSE

PROCÉDÉ CHIMIQUE

Le dosage de la cellulose fournit des résultats qui diffèrent avec les méthodes chimiques employées ; il est donc préférable d'avoir recours à un procédé mécanique.

PROCÉDÉ MÉCANIQUE

Effectuer le tamisage de la farine, avec des tamis superposés, à soies d'autant plus fines qu'elles approchent de la base ; le dernier tamis inférieur s'emboîte sur un tamis à fond de peau.

Les numéros des soies vont de 120 à 180 inclusivement, soit 7 tamis blutant et un 8e en peau collectant la farine tamisée.

Sous des chocs répétés, la farine, avant de se rassembler sur le tambour inférieur, parcourt toutes les soies, abandonnant sur chacune quelques gruaux et des piqûres.

RÉSULTATS

En procédant ainsi, on obtient pour cent de farine :

98.40 de fine farine dans une farine tendre première.
92.30 — — — seconde.
83.50 — — — basse.

Le dénombrement des piqûres (p. 20) peut être utilement effectué pour remplacer ce dosage.

VIII. — DOSAGE DU GLUTEN HUMIDE

PRATIQUE
DE
L'ANALYSE

1º Prendre un flacon de 2 litres à robinet inférieur, le remplir d'eau distillée, minéralisée artificiellement à 1 gramme de sel marin par litre et employer l'eau à la température du laboratoire.

2º Elever, à l'aide d'un petit escabeau, le robinet du flacon à 20 centimètres environ au-dessus de la soie d'un tamis nº 110, déposé dans une terrine en grès.

3º Placer 30 gr. de farine dans un mortier de porcelaine, forme basse, en ménageant une dépression au centre.

4º Verser sur la farine environ 15 cent. cubes d'eau chlorurée sodique à 1 p. 1000.

5º Avec une spatule de porcelaine, mélanger d'abord doucement la farine et l'eau, pour obtenir une pâte liante, que l'on frottera rapidement entre les mains fraîchement lavées, afin de lui donner de la douceur et de l'homogénéité.

6º Abandonner cette pâte pendant une heure sous une cloche humide, pour éviter le durcissement de sa surface.

7º Le pâton, après ce laps de temps, est lavé sous un mince filet d'eau chlorurée; on le comprime légèrement en le tournant entre les doigts. Le gluten se rassemble et l'amidon est entraîné par l'eau.

8º En fin d'opération, augmenter le débit et frotter énergiquement le gluten entre les mains. Quand l'eau d'essorage, de laiteuse qu'elle était, est devenue louche, arrêter le lavage.

DOSAGE DU GLUTEN HUMIDE *(Suite)*

<table>
<tr>
<td>

**PRATIQUE
DE
L'ANALYSE**
(Suite)

</td>
<td>

L'eau d'essorage ne doit pas donner de coloration bleue avec l'eau iodée ; sinon, poursuivre le lavage.

9° Recueillir sur le tamis les fragments de gluten qui se sont échappés pendant le malaxage ; puis pratiquer l'essorage.

10° Le gluten est frotté et comprimé dans les mains sèches, pour lui faire rejeter, le plus possible, l'eau qu'il retient. Il ne faut pas trop prolonger le contact du gluten avec la main, il est préférable de s'y reprendre à plusieurs fois, en ayant soin de se sécher les mains dans un linge sec à chaque reprise.

11° Dès que le gluten a tendance à s'attacher à la peau, on le porte à la balance sur un verre de montre légèrement vaseliné, puis taré.

</td>
</tr>
<tr>
<td>

CALCUL

</td>
<td>

Le poids de gluten humide obtenu, multiplié par 3,33 donnera le gluten humide pour 100 de farine.

</td>
</tr>
</table>

DOSAGE DU GLUTEN HUMIDE *(Suite)*

INTERPRÉTATIONS

La quantité de gluten humide est très variable, elle dépend des blés employés et du degré de blutage.

Pour les farines premières de blés blancs tendres, le gluten humide peut descendre jusqu'à 19 pour 100, tandis que des farines premières de blés glacés et nerveux (Manitoba, Amérique du Nord, Russie méridionale, par exemple), peuvent renfermer jusqu'à 55 pour cent de gluten humide.

En général, les farines premières de boulangerie ont, en France, de 22 à 27 pour cent de gluten humide.

Dans une minoterie perfectionnée, comprenant 6 broyeurs et 6 convertisseurs, certaines farines bises sont plus riches en gluten que les farines blanches : telles sont les farines qui proviennent des 5e et 6e broyeurs.

Quand le gluten des farines bises est facilement extractible, il se dessèche plus aisément que le gluten des farines blanches ; mais son odeur est plus forte, il est moins extensible et sa nuance est plus foncée.

Pour extraire le gluten d'une farine bise, il est bon d'employer au début l'eau de lavage à la température de 40 degrés environ, et de terminer l'opération à la température ordinaire.

IX. — DOSAGE DU GLUTEN SEC

<table>
<tr><td>PRATIQUE
DE
L'ANALYSE</td><td>

1° Placer *en masse* le gluten humide obtenu en (11°-p. 42) dans une éprouvette à gaz renfermant 8 à 10 billes de verres humectées d'alcool à 71 degrés. Certains glutens se désagrègent sans l'aide de billes.

2° Verser sur le gluten 100 cent. cubes de liqueur alcooli-alcaline, préparée comme il est dit (page 51), puis fermer l'éprouvette avec un bouchon en caoutchouc.

3° Agiter verticalement et vigoureusement au début. Quand il ne reste plus que de très menus fragments de gluten, ajouter des perles de verre, imbibées d'alcool à 71 degrés.

Continuer l'agitation verticalement jusqu'à complète dissolution. Il faut 10 à 15 minutes d'agitation.

4° Verser le contenu de l'éprouvette à gaz sur un entonnoir obturé par une toile métallique imbibée d'alcool à 71 degrés.

Cet entonnoir, placé sur un ballon de 150-160 cent. cubes, divisé en centimètres cubes sur le col, retiendra les perles et les billes de verre.

5° Laver le bouchon en caoutchouc, l'éprouvette et les billes restées sur l'entonnoir, avec 50 cent. cubes d'alcool à 71 degrés.

6° Lire le volume V et verser le liquide dans un verre conique.

7° Prélever à l'aide de pipettes le tiers du volume lu sur le col du flacon gradué, soit $\dfrac{V}{3}$.

</td></tr>
</table>

DOSAGE DU GLUTEN SEC *(Suite)*

PRATIQUE DE L'ANALYSE *(Suite)*

8° Le prélèvement versé dans un vase à dessiccation taré suivant (p. 23) sera soumis à un courant d'acide carbonique.

Il est bon de terminer l'appareil producteur d'acide par un petit tube mobile en verre.

9° Faire passer le courant de gaz carbonique dans la liqueur, pour sursaturer la potasse (environ 10 minutes).

10° Arrêter le courant, enlever le petit tube de verre, le laver à l'alcool à 71 au-dessus du vase à dessiccation.

11° Porter le vase à dessiccation d'abord au bain-marie, ensuite à l'étuve à 100-105 degrés, jusqu'à dessiccation complète.

CALCUL

Le poids du résidu, diminué du poids R de carbonate de potasse, calculé page 51, représente le poids de gluten sec de 10 grammes de farine ; en le multipliant par 10, on obtiendra le gluten sec de 100 grammes de farine.

INTERPRÉTATIONS

Pour l'interprétation du résultat, voir page 43.

DOSAGE DU GLUTEN SEC *(Suite)*

REMARQUES

1º L'alcool dont sont imprégnées les billes, perles, toiles métalliques, ne fausse pas les résultats; car, après lavage sur l'entonnoir, ces objets retiendront autant de liquide qu'ils en ont apporté.

2º Agiter verticalement l'éprouvette pour éviter les chocs violents des billes sur les parois et la fêlure du récipient.

3º Le courant d'acide carbonique doit être modéré et non tumultueux.

4º Commencer l'évaporation au bain-marie et la terminer à l'étuve.

X. — DOSAGE DE L'EAU D'HYDRATATION DU GLUTEN HUMIDE

Voyez p. 27.

XI. — DOSAGE DE LA GLIADINE DU GLUTEN

PRATIQUE DE L'ANALYSE

Ce dosage est effectué en même temps que la recherche du gluten sec.

Après les opérations 1 à 8, décrites page 44 :

9° Surcarbonater le restant de la liqueur du verre (1/2 à 3/4 d'heure).

10° Jeter sur un filtre à plis la liqueur carbonatée, pour séparer la gluténine floconneuse ;

11° Prélever du liquide clair, comme pour le gluten sec, $\dfrac{V}{3}$, soit le 1/3 du volume lu sur le col du flacon gradué (p. 44-6°).

12° Le mettre dans un vase à dessiccation taré, le porter, d'abord au bain-marie, ensuite à l'étuve à 100-105 degrés pendant 6 à 7 heures.

CALCUL

Du poids trouvé, retrancher la quantité de carbonate de potasse R calculée page 51 et multiplier par 10, pour avoir la quantité de gliadine dans 100 de farine.

INTERPRÉTATIONS

Les parties du grain de blé avoisinant son enveloppe fournissent les farines les plus pauvres en gliadine ; c'est pourquoi les farines premières en possèdent plus que les farines bises.

XII. — DOSAGE DE LA GLUTENINE DU GLUTEN

RAPPORT

La différence entre les quantités de gluten sec et de gliadine représente la gluténine.

L'usage est de rapporter les proportions de gliadine et de gluténine non pas à 100 de farine, mais à 100 de gluten sec.

CALCUL

Si :

g_i exprime la gliadine pour cent de farine.

g_u » la gluténine » »

G » le gluten sec » »

on aura

$$G = g_i + g_u$$

Ces données pour 100 de gluten sec deviendront :

$$\text{Gliadine pour cent de gluten sec} = \frac{100 g_i}{G}$$

$$\text{Gluténine } » \qquad » \qquad » = \frac{100 g_u}{G}$$

XIII. — VALEUR BOULANGÈRE DES FARINES

Par l'analyse des éléments du gluten

M. Fleurent a constaté que, dans une farine tendre, se travaillant bien, la composition centésimale des éléments du gluten était :

$$\frac{\text{Gluténine}}{\text{Gliadine}} = \frac{25}{75} \text{ soit } 1/3$$

Une farine, constituée ainsi qu'il vient d'être dit, se travaille aisément et fournit un pain irréprochable.

Si ce rapport devient $\dfrac{20}{80}$ soit 1/4, le pain s'aplatit à la cuisson, reste compact et la panification demande moins d'eau.

Si le rapport devient $\dfrac{34}{66}$ soit 1/2, la pâte ne se développe ni à la fermentation, ni au four, le pain est indigeste.

Par la forme que prend le gluten

Une seconde méthode consiste à examiner la forme du gluten après un séjour d'une heure dans un four à 150-160 degrés ; elle évite la recherche des constituants du gluten.

Un gluten bien développé indique que le rapport de ses éléments est voisin de 1/3 ;

Un gluten développé avec dépression centrale, que ce rapport est d'environ 1/4 ;

Enfin, un gluten très peu développé, que le même rapport est voisin de 1/2.

V. — LIQUEURS TITRÉES

ÉNUMÉRA- TION

Liqueur aqueuse de potasse,
— alcooli-alcaline,   Dosage du gluten sec et de la gliadine

Liqueur normale d'acide sulfurique,
Liqueur normale de potasse,   Dosage de l'azote

Liqueur demi-décinormale de potasse,
Alcool à 71 degrés.   Dosage de l'acidité

I. — LIQUEUR AQUEUSE DE POTASSE

PROCÉDÉ

1º Peser exactement 22 grammes de potasse à l'alcool.

2º Les dissoudre dans l'eau distillée, de manière à obtenir 1000 cent. cubes à + 15 degrés.

II. — LIQUEUR ALCOOLI-ALCALINE

PROCÉDÉ

La liqueur alcooli-alcaline doit renfermer environ 2,20 grammes de potasse pour 1000 cent. cubes d'alcool à 71 degrés ; à cet effet :

1º Prendre à la température de 15 degrés :
Alcool à 95 degrés . . . 775 cent. cubes.
Solution de potasse (p. 50) 100 cent. cubes.
Eau distillée . . . . . Q. S. pour 1000.

2_0 Cette liqueur permet de calculer R, qui sert dans la recherche du gluten sec et de la gliadine (voir p. 45 et 47). Dans le volume V, se trouvent 150 cent. cubes d'un liquide, dont 100 proviennent de la liqueur précédente.

CALCUL DE R

Pour calculer R, carbonater 100 cent. cubes de la liqueur alcooli-alcaline et en faire l'extrait ; le tiers représentera la valeur R.

Cette valeur de R sera constante pour la liqueur alcooli-alcaline faite avec la même liqueur aqueuse de potasse (p. 50).

III. — LIQUEUR NORMALE D'ACIDE SULFURIQUE

Consulter un *Traité d'analyse chimique*.

IV. — LIQUEUR NORMALE DE POTASSE

Consulter un *Traité d'analyse chimique*.

V. — LIQUEUR DEMI-DÉCINORMALE DE POTASSE

PROCÉDÉ
{
Etendre à 1000 cent. cubes, dans une carafe jaugée, 50 cent. cubes de liqueur normale.

1 c.c. de liqueur 1/2 décinormale neutralise 0,00245 grammes d'acide sulfurique.
}

VI. — ALCOOL A 71 DEGRÉS

Le tableau suivant indique la quantité d'eau distillée qu'on doit ajouter à un alcool de titre connu pour avoir de l'alcool à 71 à + 15 degrés de température.

QUANTITÉ D'EAU A AJOUTER A 100 CENT. CUBES D'UN ALCOOL DE TITRE N POUR FAIRE DE L'ALCOOL A 71 DEGRÉS

N Degrés	EAU Cent. cubes	N Degrés	EAU Cent. cubes
95	37,16	83	18,24
94	35,53	82	16,70
93	33,93	81	15,18
92	32,24	80	13,63
91	30,66	79	12,10
90	29,07	78	10,59
89	27,50	77	9,06
88	25,94	76	7,54
87	24,39	75	6,03
86	22,89	74	4,52
85	21,30	73	3,01
84	19,77	72	1,50

VI. — ALTÉRATIONS DES FARINES

<table>
<tr><td>VARIÉTÉS
D'ALTÉRA-
TIONS</td><td>Par l'âge et l'humidité.
Par les parasites des céréales.
Par les graines étrangères.
Par les organismes inférieurs.
Par les insectes.</td></tr>
</table>

1. — ALTÉRATIONS PAR L'AGE ET L'HUMIDITÉ

<table>
<tr><td>CAUSES</td><td>Les farines se modifient avec le temps et le degré d'humidité.</td></tr>
<tr><td>PAR L'AGE</td><td>1º La matière grasse disparaît ;
2º Le gluten diminue, se transforme en matière azotée soluble et s'extrait difficilement ;
3º L'acidité augmente.
4º Une farine très vieille, possédant un gluten sans aucune cohésion, n'a plus de « corps » et fuit dans la main comme du plâtre (voir p. 15), son aspect est blanc mat et sa panification est difficile.</td></tr>
<tr><td>PAR LE
DEGRÉ
D'HUMIDITÉ</td><td>Si la farine, fortement mouillée à la mouture (opération faite pour affleurer davantage et donner de la blancheur), subit des températures ambiantes supérieures à la normale, il se produit un échauffement qui détermine des centres de fermentations appelés mâtons ou pelotes (voir p. 15).</td></tr>
</table>

II. — ALTÉRATIONS PAR LES PARASITES DES CÉRÉALES

CAUSES { Si le blé n'a pas subi un nettoyage convenable, on peut retrouver dans la farine quelques parasites nuisibles à l'alimentation de l'homme.

ERGOT

Constitution. { L'*ergot* est un champignon, dont le tissu, comme celui de tous les champignons, n'est pas coloré en bleu par l'action successive de l'iode et de l'acide sulfurique.

Les mailles qui le constituent sont étroites et renferment une huile spéciale (fig. 1 et 2).

La lumière polarisée ne traverse pas ce tissu.

Dangers. { Susceptible de provoquer des épidémies et des cas mortels.

Recherche { 1° Une farine possédant 1 pour cent d'ergot se teinte en rose au procédé Pekar (p. 16).

2° Boettger recommande le procédé suivant :

Mélanger 2 grammes de farine, 12 cent. cubes d'alcool méthylique, II gouttes d'acide chlorhydrique, agiter pendant un quart d'heure, chauffer et faire reposer avant filtration

La présence de l'ergot donnera au liquide une teinte jaune rougeâtre.

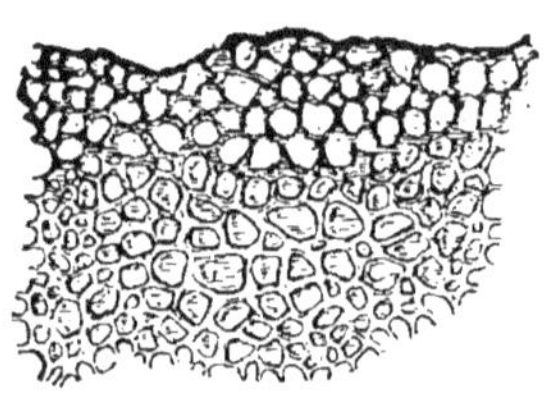

Fig. 1. — Coupe transversale de
l'ergot de seigle.

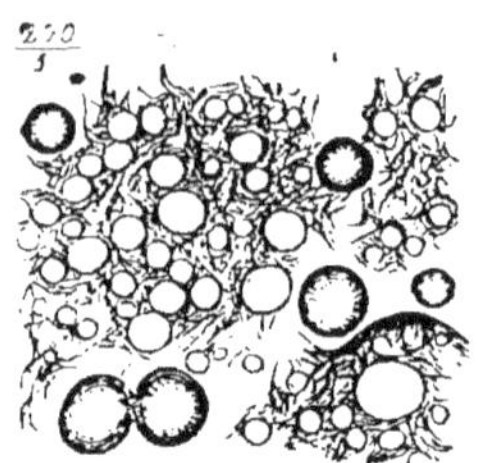

Fig. 2. — Ergot.

ROUILLE { **Constitution.** {

La *rouille* (fig. 3) est un champignon, qui se développe principalement sur les feuilles ; sa teinte rouille oranger, l'été, devient rouille noire, en automne.

Il est constitué par des spores ovales brun-rouges ; on les retrouve dans la farine.

Dangers. {

La paille rouillée est nuisible aux animaux ; les spores introduits dans l'alimentation de l'homme sont nocifs.

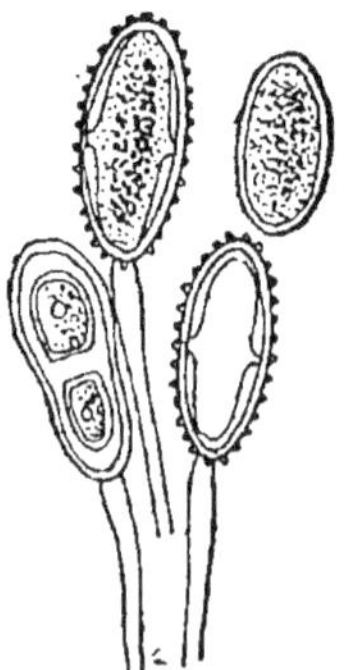

Fig. 3. — Rouille.

CARIE

La *carie* (fig. 4) est un champignon qui croît dans l'ovaire de la plante, aux dépens de son contenu.

Un grain de blé carié est de même forme qu'un grain sain ; mais la pellicule très molle contient une poudre brune, d'odeur fétide, qui s'attache aux barbes du grain de blé, quand cette pellicule se déchire.

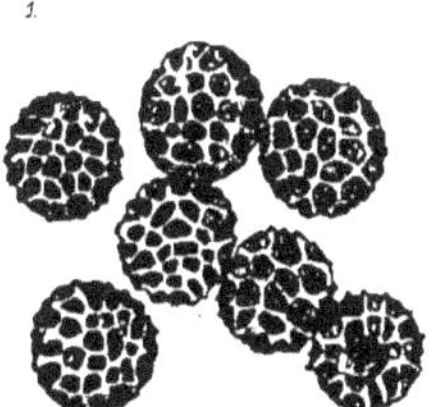

Fig. 4. — Carie.

CHARBON

Le *charbon* est un champignon voisin du précédent, mais plus petit.

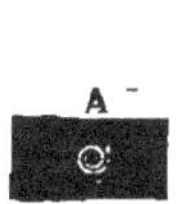

Fig. 5. — Jeune anguillule du blé. A, grandeur naturelle. B, 40/1.

BLÉ NIELLÉ

Le *blé niellé* est constitué par le développement dans l'ovaire d'un amas *d'anguillules* (fig. 5) qui le déforment complètement. Le grain, à maturité, est petit, rond, entouré d'une pellicule noire épaisse. L'intérieur est blanc ; sous le microscope, au contact de l'eau, les anguillules présentent les manifestations de la vie.

III. — ALTÉRATIONS PAR LES GRAINES ÉTRANGÈRES

IVRAIE

Constitution

La balle de l'ivraie ne peut être séparée du grain ; ce caractère permet de la reconnaître dans la farine.

Ses amidons sont très fins et agglomérés en grains ovoïdes.

Dangers

L'*ivraie* est la plus dangereuse des graines vivant avec le blé ; elle nécessite un bon nettoyage avant mouture.

Recherche

Au contact de la farine avec de l'alcool à 35 degrés, le liquide prend une teinte verdâtre et une saveur désagréable, qui caractérise la présence de l'ivraie.

MÉLAMPYRE

Constitution

Le *mélampyre* ou *rougeole* est une petite graine luisante, allongée, rouge-brun, facile à éliminer au nettoyage.

L'enveloppe est formée de cellules allongées à parois épaisses, de section polygonale.

L'albumen est formé de cellules polygonales, à parois épaisses et canaliculées, renfermant une substance brun foncé.

Dangers

Introduite dans la mouture, elle encrasse les cylindres cannelés des broyeurs et se retrouve dans la farine.

	La *nielle* est une graine noire, rugueuse, à in-térieur blanc.

NIELLE

La *nielle* est une graine noire, rugueuse, à in-térieur blanc.

Dans une farine on la retrouve sous forme de petites piqûres noires provenant de son écorce et faciles à reconnaître au microscope.

La présence de cette graine est rare dans la farine, en raison de son élimination facile.

Il existe encore de nombreuses graines étran-gères (1).

IV. — ALTÉRATIONS PAR LES ORGANISMES INFÉRIEURS

MOISISSURES, LEVURES ET BACTÉRIES

Ces organismes se trouvent dans les farines avariées ; ce sont des moisissures, des levures et des bactéries.

Les uns s'attaquent au gluten (bactéries) ;

Les autres à l'amidon (levures et moisissures).

Leur étude ne présente qu'un intérêt secon-daire ; toute farine avariée devant être rejetée pour la panification.

La cause de l'altération est due, dans la majeure partie des cas, à un excès d'humidité.

(1) Voy. D. Cauvet, *Essai des farines*, Paris, 1900.

V. — ALTÉRATIONS PAR LES INSECTES

EPHESTIA

1. L'*ephestia* est un papillon grisâtre, à grandes ailes, qui se reproduit mal dans l'obscurité.

Sa chenille, d'un blanc rosé, tresse une toile constituée par un réseau réticulé que l'on retrouve dans la farine et à l'extérieur des sacs, dans les plis de la toile.

Une baguette enfoncée dans un sac et retirée doucement ramènera avec elle des filaments blancs qui dénonceront sa présence.

VER DE FARINE

2. Le *ver de farine* ou *ténébrion meunier* est une larve d'un rouge brun atteignant 20 millimètres de longueur ;

Il est commun dans les moulins.

ACARUS

3. Les acariens représentés par l'*acarus* ou *mite* et l'*acarus plumiger* sont facilement décelés par le procédé Pekar (p. 16). La pression exercée sur la farine les fait sortir et la surface lisse se couvre de petits monticules, qui laissent voir, à la loupe, l'acarien sortant de sa loge.

VII. — FALSIFICATIONS DES FARINES

1. Par de vieilles farines de froment.

2. Par des farines étrangères.

> Seigle.
> Orge.
> Avoine.
> Maïs.
> Riz.
> Sarrasin.
> Féverolle.
> Pomme de terre.

3. Par des corps autres que des farineux

> Substances minérales.
> Substances végétales.

1. — FALSIFICATIONS PAR DE VIEILLES FARINES DE FROMENT

RECHERCHE

L'addition de vieilles farines à une farine fraîche se reconnaît difficilement, si le mélange est récent.

Après quelque temps, on retrouve tous les caractères dus à l'ancienneté :

1. Matière grasse, rance et en faible proportion ;

2. Acidité élevée.

3. Gluten sans cohésion dont l'extraction, par malaxage sous un filet d'eau, laisse des mousses sur le tamis (p. 41-2°).

II. — FALSIFICATIONS PAR DES FARINES ÉTRANGÈRES

RECHERCHE

Pour leur recherche :

1. Faire un gluten à la façon ordinaire, sur un tamis n° 220 ;

2. Recueillir les gruaux retenus sur le tamis, mettre à part les eaux de lavage dans un grand verre à expérience ;

3. Ajouter aux eaux de lavage quelques gouttes de formol et laisser déposer pendant 12 heures ;

4. Décanter l'eau surnageant le dépôt d'amidon et incliner le verre ;

5. Examiner au microscope d'abord les gruaux restés sur le tamis, ensuite les différentes couches du dépôt qui s'est formé dans le verre.

Le prélèvement se fera à trois hauteurs différentes, à l'aide d'une baguette de verre.

La superposition des couches est constituée par des amidons de différentes grosseurs, dont le diamètre progresse en gagnant le fond du dépôt.

6. Les amidons se caractérisent par leur forme et par leur *hile* (dépression obscure plus ou moins centrale) :

Amidons Elliptiques
- Froment.
- Seigle.
- Orge.
- Pomme de terre.
- Féverolle.

Amidons Polyédriques
- Maïs.
- Riz.
- Sarrasin.
- Avoine.

Les amidons sont encore simples ou composés,

RECHERCHE
(Suite)

et quelques-uns agglomérés pour former des gruaux.

Les amidons polyédriques, mélangés à la farine, se retrouvent aisément;

Quant aux amidons elliptiques, le hile n'apparait pas toujours nettement et certains d'entre eux ne possèdent pas le hile caractéristique de leur famille, aussi leur présence est difficile à déceler.

En dehors des amidons, les débris de la partie corticale donnent de bonnes indications.

Etudions quelques-uns des principaux caractères des amidons, du froment et des corps servant à le falsifier.

BLÉ

Au microscope, l'aspect de l'amidon de blé varie suivant qu'il est de face ou de profil (fig. 6).

En outre, on rencontre de gros amidons au milieu de petits à arêtes anguleuses (fig. 6); ceux-ci proviennent de la désagrégation, par les appareils de mouture, d'amidons composés.

Leur dimension oscille entre 6 et 36 μ (1).

La présence dans la farine d'une plus ou moins grande quantité de barbes et débris analogues à ceux que représentent les figures 7 et 8 renseignera sur le degré d'affleurage.

La membrane embryonnaire (*c* fig. 7), vue de champ, ressemble aux cellules d'un gâteau de miel; elle renferme le ferment appelé *céréaline*, qui a la propriété de transformer en sucre l'amidon et de fluidifier le gluten en le colorant. Cette membrane produit la nuance et le toucher gras constatés dans le pain bis.

Sa présence dans des farines premières est l'indice d'un mélange avec des farines secondes.

(1) L'unité de longueur en micrographie est $0^m,001 = \mu$

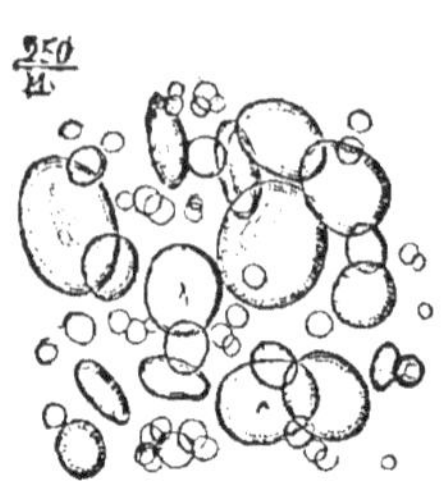

Fig. 6. — Blé, amidon
vu de face et de profil.

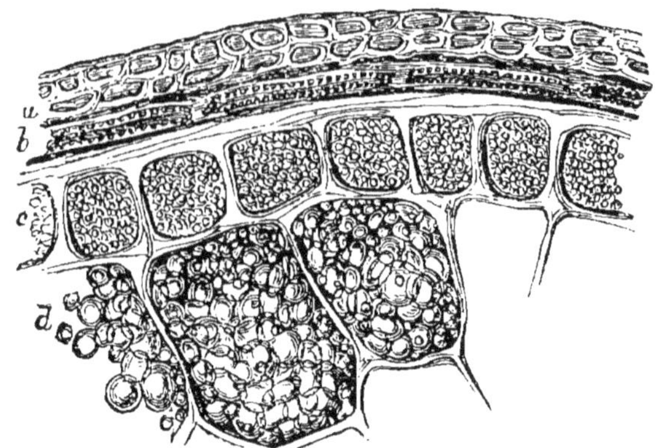

Fig. 7. — Blé, section transversale.

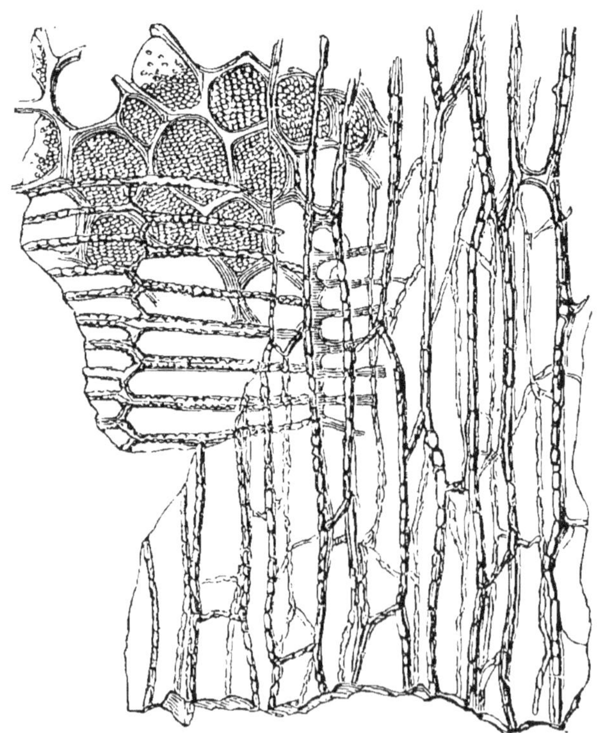

Fig. 8. — Testa et substance du fruit du blé ; section verticale (gr.
200 diam.), *aa*, membrane externe ; *bb*, membrane moyenne ; *cc*,
membrane interne ou surface propre de la graine (Hassall).

Une assez forte proportion de seigle dans du froment se reconnaît au malaxage du pâton, qui est plus fluent dans la main.

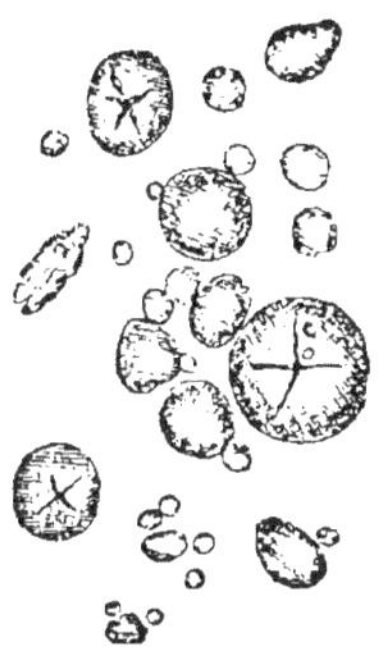

Fig. 9. — Amidon de seigle.

SEIGLE

La caractéristique de l'amidon de seigle est la forme de son hile étoilé à 3 ou 4 branches (fig. 9); mais ce caractère n'est pas absolu.

Les amidons de seigle sont en général plus gros que les amidons de blé, ils ont de 35 à 40 μ de diamètre.

Un amidon de seigle, rencontré fortuitement dans une farine, n'est pas l'indice d'une fraude, car certains grains de seigle, de même grosseur que le blé, ne peuvent être enlevés par les cribleurs.

ORGE

L'orge est, de tous les céréales, le plus difficile à déceler dans la farine de blé;

Ses amidons se différencient peu des amidons du froment.

AVOINE

L'amidon d'avoine est polyédrique, très petit, irrégulier (fig. 10) et souvent rassemblé en gruaux ronds et ovoïdes.

Ses dimensions sont de 4 à 5 μ et ses gruaux de 40 à 60 μ.

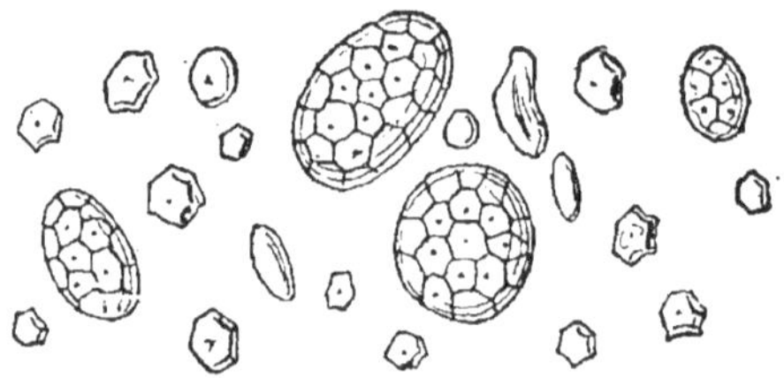

Fig. 10. — Amidon d'avoine.

MAIS

L'amidon de maïs est polyédrique (fig. 11), de forme assez régulière, avec un hile central en forme de croix à branches courtes ;

Souvent aggloméré en gruaux ;

Les dimensions moyennes sont de 15 à 25 μ.

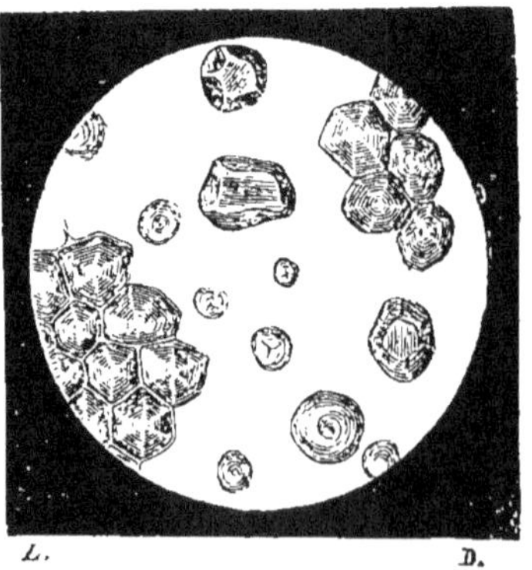

Fig. 11. — Amidon de maïs.

RIZ

L'amidon de riz est très fin, polyédrique (fig. 12), irrégulier.

Il forme des gruaux rarement ovoïdes.

Le hile est souvent ponctiforme.

Ses dimensions sont de 4 à 6 μ.

Fig. 12. — Amidon de riz.

SARRASIN

L'amidon de sarrasin est fin, polyédrique (fig. 13), isolé et en gruaux à bords généralement rectilignes.

Le hile est souvent ponctiforme.

Ses dimensions sont de 5 à 10 μ.

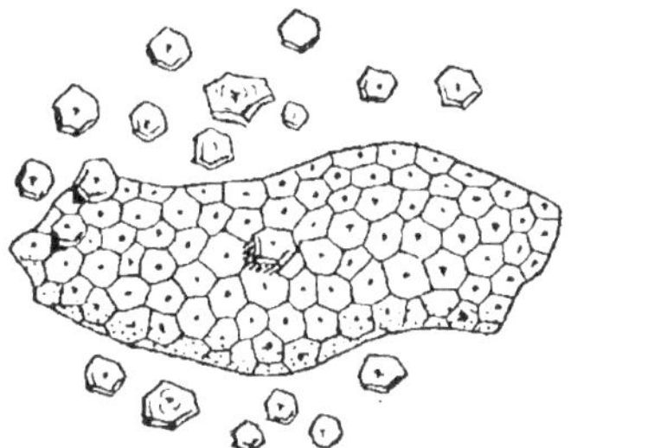

Fig. 13. — Amidon de sarrasin.　　Fig. 14. — Amidon de Féverolle.

L'amidon de féverolle est elliptique, mais de forme plus grossière que le froment et plus épais que lui ;

Son hile est fendu avec des ramifications irré-gulières (fig. 14), surtout dans la farine déshy-dratée par dessiccation.

Ses dimensions sont 20 à 60 μ de long et 8 à 30 μ de large.

La saveur particulière de pois crus qu'elle com-munique à la farine, la fait facilement reconnaître, même en faible proportion (1,5 à 2 pour cent).

En France, on tolère dans la farine de froment une addition de 3 pour cent de féverolle, dans le but de faciliter le travail de panification.

FÉVEROLLE

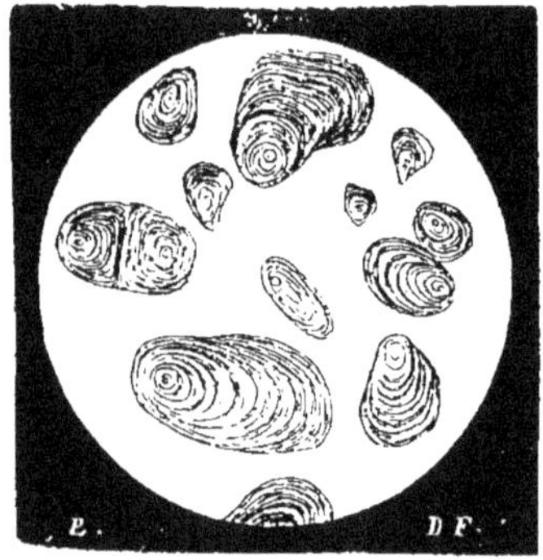

Fig. 15. — Fécule de pomme de terre.

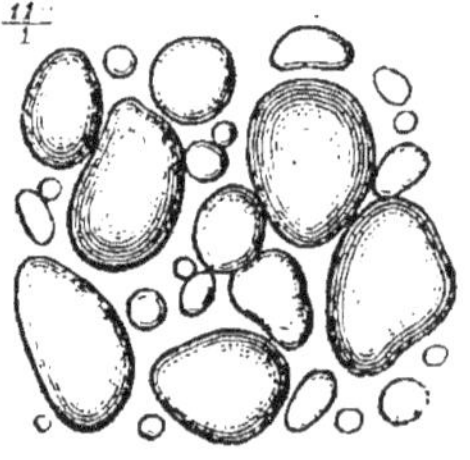

Fig. 16. — Amidon de Pomme de terre.

POMME DE TERRE

L'amidon de pomme de terre est très brillant, son aspect rappelle une écaille d'huître (fig. 15 et 16) ;

Ses dimensions sont 35 à 45 μ de long et 25 μ de large en moyenne.

Une solution de potasse à 2 pour cent gonfle la fécule de pomme de terre sans attaquer l'ami-don de blé.

EMPLOI DE LA LUMIÈRE POLARISÉE

L'examen microscopique, à la lumière polarisée, est d'un précieux secours pour la recherche des fraudes, à condition de ne pas employer de réactifs modifiant la structure des grains, comme cela arrive avec la potasse.

La fécule de pomme de terre présente une croix brillante très nette à la lumière polarisée.

Le maïs s'éclaire vivement à la lumière polarisée obscure ;

Il en est de même de la farine de haricot.

III. — FALSIFICATIONS PAR DES SUBSTANCES MINÉRALES

SUBSTANCES EMPLOYÉES

Les substances minérales les plus généralement employées dans la fraude des farines sont :
L'alun, le carbonate de chaux, le sulfate de
chaux, le sulfate de cuivre.
Se rappeler que cette dernière substance se
trouve normalement dans la farine ; un kilo-
gramme contient 0,0046 gramme de cuivre.

COMPOSITION DES CENDRES

Le dosage des cendres révèle leur présence ;
les substances étrangères élèvent le taux des matières minérales. Elles oscillent, dans les farines
de boulangerie, entre 0,40 et 0,60 pour cent.
Voici d'ailleurs la composition moyenne des
cendres de farine :

Acide phosphorique	43,7	
Potasse.	31,8	
Magnésie	9,8	100
Chaux	6	
Peroxyde de fer et d'aluminium	1,3	
Silice	7,4	

PROCÉDÉ CAILLETET

Cailletet a imaginé le procédé qualitatif suivant :
Dans un tube à essai, placer 2 grammes de
farine et 25 grammes de chloroforme. Agiter vi-
goureusement et laisser reposer. La farine sur-
nage le chloroforme, les matières minérales
étrangères tombent au fond.
Ce procédé est très sensible.

IV. — FALSIFICATIONS PAR DES SUBSTANCES VÉGÉTALES

SUBSTANCES EMPLOYÉES

Ces falsifications sont dues principalement à l'emploi des fleurages de corozo et des sciures.

RECHERCHE

Le fleurage de corozo se reconnaît, au microscope, aux cellules cornées à parois épaisses, réfringentes, en forme d'étoile.

La sciure de bois est révélée par une solution alcoolique de phloroglucine, en présence de l'acide phosphorique.

Une préparation microscopique faite ainsi, chauffée légèrement, aura toutes ses parties cellulosiques colorées en rouge intense, au bout de quelque temps, à l'exception de l'enveloppe du froment.

TABLE DES MATIÈRES

Dijon. — Imprimerie Darantiere, 65, rue Chabot-Charny